筑桥知识星球

神奇动物住哪里？

蝙蝠住在哪儿？

献给卡罗琳·格雷丝。

——梅丽莎·斯图尔特

衷心感谢帕特里克贾·邦德。

——希金斯·邦德

图书在版编目（CIP）数据

神奇动物住哪里？. 蝙蝠住在哪儿？ /（美）梅丽莎·斯图尔特著；（美）希金斯·邦德绘；项思思译. — 成都：四川科学技术出版社，2023.9
 ISBN 978-7-5727-0703-2

Ⅰ. ①神… Ⅱ. ①梅… ②希… ③项… Ⅲ. ①翼手目 - 少儿读物 Ⅳ. ① Q95-49

中国版本图书馆 CIP 数据核字 (2022) 第 169037 号

著作权合同登记图进字 21-2022-232 号
First published in the United States under the title A PLACE FOR BATS
by Melissa Stewart, illustrated by Higgins Bond.
Text Copyright © 2012, 2017 by Melissa Stewart.
Illustrations Copyright © 2012, 2017 by Higgins Bond.
Published by arrangement with Peachtree Publishing Company Inc.
Simplified Chinese translation copyright © TGM Cultural Development and Distribution (HK) Co. Limited, 2022
All rights reserved.

神奇动物住哪里？　蝙蝠住在哪儿？
SHENQI DONGWU ZHU NALI?　BIANFU ZHU ZAI NAR?

著　者	[美] 梅丽莎·斯图尔特
绘　者	[美] 希金斯·邦德
译　者	项思思
出品人	程佳月
项目策划	筑桥童书
责任编辑	张湉湉
助理编辑	朱　光　魏晓涵
内容策划	林　跞
装帧设计	浦江悦　王竹臣
责任出版	欧晓春
出版发行	四川科学技术出版社
地　址	成都市锦江区三色路 238 号　邮政编码：610023
	官方微博：http://weibo.com/sckjcbs
	官方微信公众号：sckjcbs
	传真：028-86361756
成品尺寸	235 mm×210 mm
印　张	2
字　数	40 千
印　刷	河北鹏润印刷有限公司
版　次	2023 年 9 月第 1 版
印　次	2023 年 9 月第 1 次印刷
定　价	128.00 元（全 6 册）

ISBN 978-7-5727-0703-2

■版权所有　翻印必究■
（图书如出现印装质量问题，请寄回印刷厂调换）

筑桥知识星球

神奇动物住哪里？

蝙蝠住在哪儿？

[美] 梅丽莎·斯图尔特 / 著　[美] 希金斯·邦德 / 绘　项思思 / 译

四川科学技术出版社

蝙蝠令我们的世界多姿多彩，但人类的一些行为却让它们的生存和繁衍艰难无比。如果我们可以齐心协力帮助这些带着翅膀的小动物，它们就能在地球上始终保有一片栖身之所。

◆ 蝙蝠的翅膀

　　蝙蝠的指骨又细又长，各指骨之间覆有一层坚韧的皮膜。轻轻动一动指骨，这种毛茸茸的小动物就能快速改变飞行方向。通过盘旋、下降、俯冲等一系列动作，蝙蝠能够轻易地在半空中用后腿抓住昆虫；然后这些饥饿的捕食者就会一口吞掉猎物，大快朵颐。

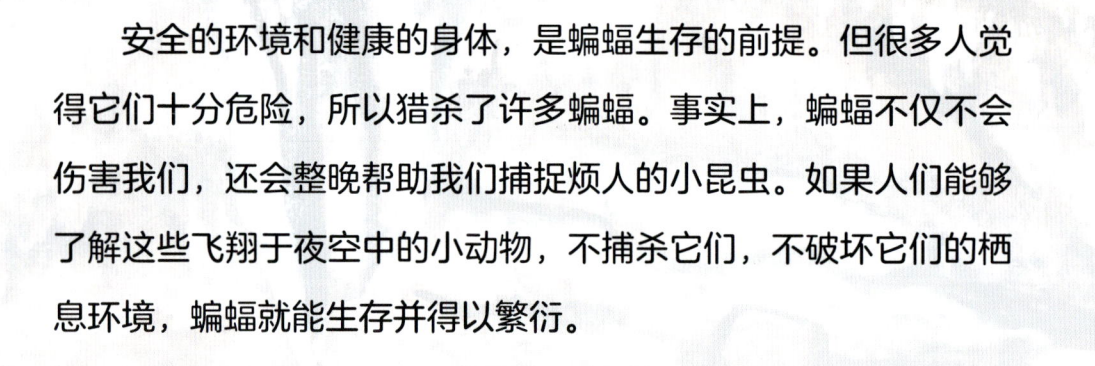

安全的环境和健康的身体，是蝙蝠生存的前提。但很多人觉得它们十分危险，所以猎杀了许多蝙蝠。事实上，蝙蝠不仅不会伤害我们，还会整晚帮助我们捕捉烦人的小昆虫。如果人们能够了解这些飞翔于夜空中的小动物，不捕杀它们，不破坏它们的栖息环境，蝙蝠就能生存并得以繁衍。

◆ 印第安纳蝙蝠

在 19 世纪，仍有数百万只印第安纳蝙蝠在肯塔基州、密苏里州和印第安纳州的洞穴里过冬。人们悄悄溜进洞里，用棍棒打死了很多蝙蝠。有时，他们也会放火烧死蝙蝠。到了 20 世纪 60 年代，洞里就几乎看不到印第安纳蝙蝠的踪迹了。如今，国际蝙蝠保护组织等机构，正在向大众普及蝙蝠的知识，让大家明白蝙蝠是大自然的重要成员。希望这种普及教育可以拯救印第安纳蝙蝠。

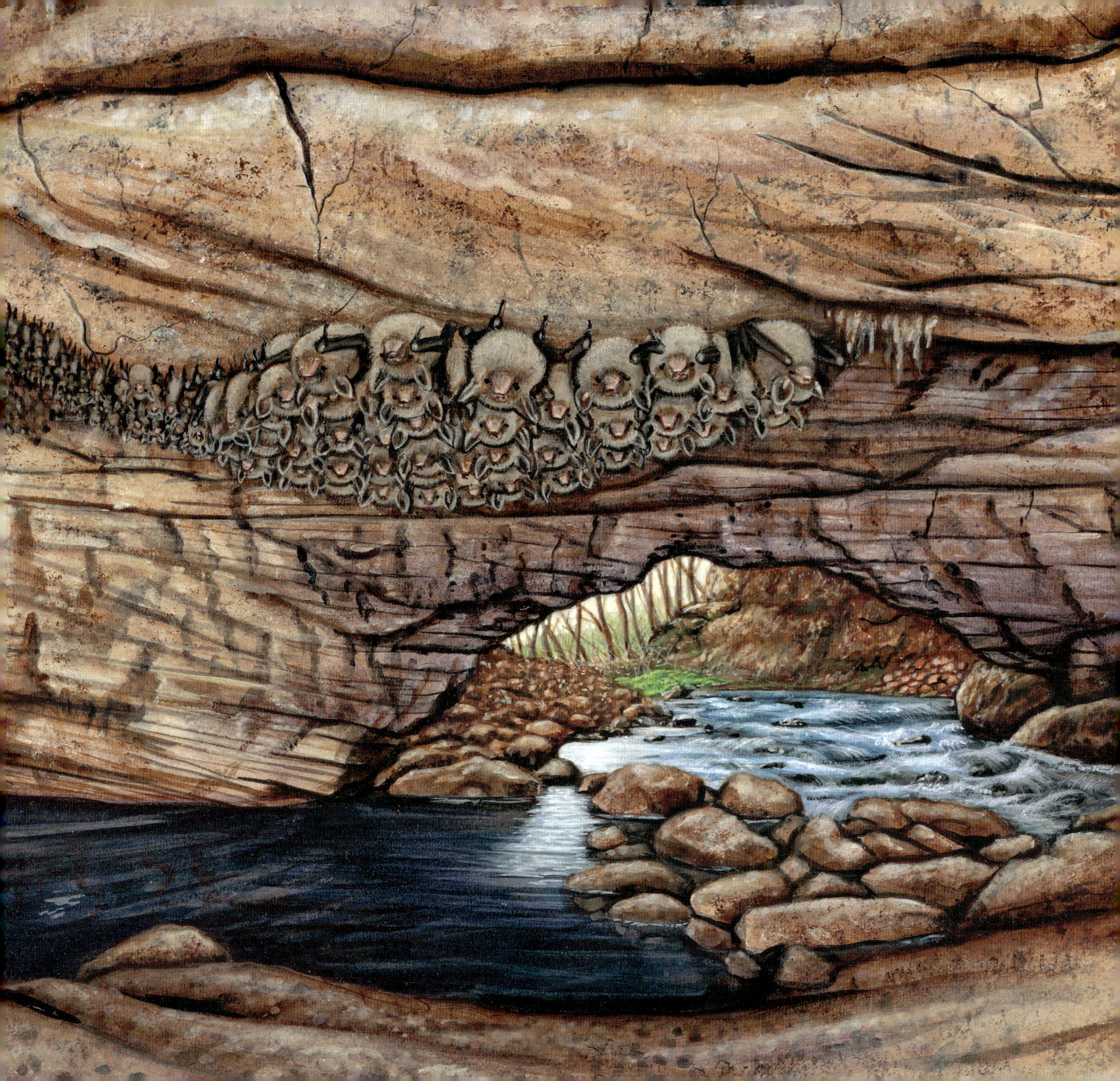

风轮能够帮助人类制电,但如果蝙蝠离得太近,就会被夺走生命。如果人们能够在平静无风的夜晚,将风力发电机关闭,蝙蝠就能生存并得以繁衍。

◆ 夏威夷灰白蝙蝠

2008年,科学家们发现,风力发电机的叶片附近有一片低压区,当夏威夷灰白蝙蝠飞过这片区域,其肺部的空气会突然膨胀,使肺部周围的血管破裂,导致蝙蝠死亡。科学家们了解原因后,找到了解决的办法:蝙蝠尤其喜欢在平静无风的夜晚活动,而此时的风力发电机并不能生产出多少电能;如果电力公司可以在无风时关闭风力发电机,夏威夷灰白蝙蝠就能得救,而电力公司依然能保证电能产量。

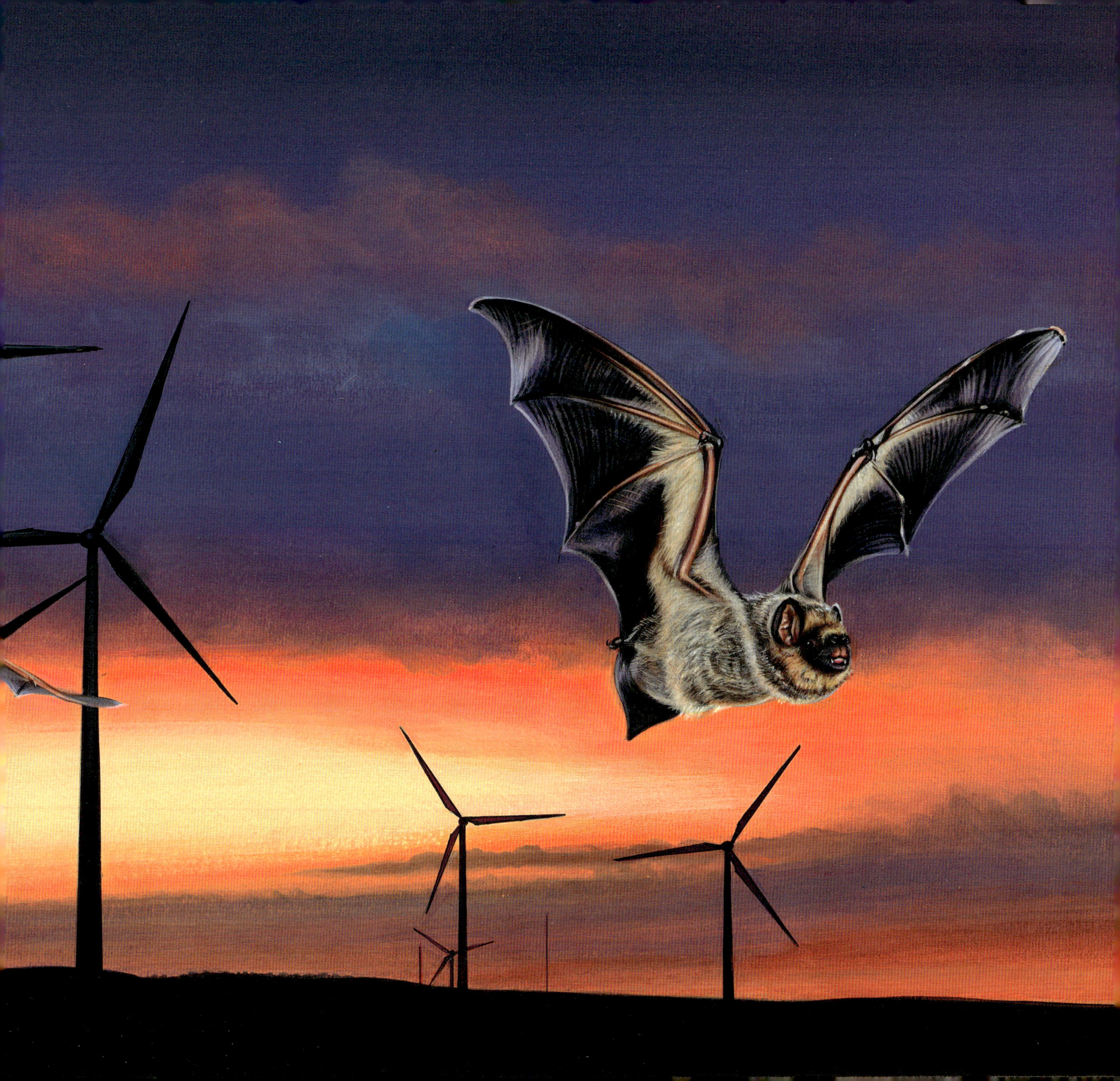

农场为牛、马备有饮水槽，蝙蝠一旦掉进去，就有溺亡的危险。如果人们能够在农场的饮水槽上设置逃生坡道，蝙蝠就能生存并得以繁衍。

◆ 加州鼠耳蝠

加州鼠耳蝠口渴时，会俯冲向水面，迅速含上一口水，然后继续飞行。可如果没注意到路上的障碍物，一头撞上去，还掉进水槽里，它们就很难逃脱了。要是没有好心人的救助，加州鼠耳蝠往往会溺水而亡。

自 2007 年起，美国西部的农场主们就在饮水槽上设置了逃生坡道。这样一来，即使不慎落水，加州鼠耳蝠也可以爬上坡道，甩干水再次飞向夜空。迄今为止，逃生坡道已经挽救了许多加州鼠耳蝠的生命。

成千上万的蝙蝠死于一种非常可怕的疾病——白鼻综合征。科学家们认为，该疾病可能由一种源自欧洲的真菌引起。如果科学家们可以找到治愈的方法，蝙蝠就能生存并得以繁衍。

◆ 三色蝠

2006年，美国境内的三色蝠突然出现大量死亡现象，原因是感染了一种真菌。那么，这种真菌从何而来？它又是怎么传播开的呢？科学家们也一头雾水。

2013年，研究人员发现，欧洲的健康蝙蝠身上也携带这种真菌。他们猜测，这种真菌是通过人类的衣服和鞋子传播的。现在，科学家们非常想知道，它为何会导致三色蝠的死亡。只要弄明白这一点，就有望找到治愈该疾病的方法。

有些蝙蝠白天会在人们院子里的树上睡觉。一旦被饥饿的猫发现，它们就会受到攻击。如果人们可以把宠物猫养在屋内并妥善管理野猫，蝙蝠就能生存并得以繁衍。

◆ 暮蝠

　　从前，暮蝠一直生活在幽暗的密林里，非常安全。然而，随着森林面积的减少，白天有越来越多的暮蝠选择在人们院子里的树上栖身。社区嘈杂的环境，让它们难以感知危险的降临，例如徘徊左右的猫。等它们发现时，往往为时已晚。所以，把宠物猫养在室内，就可以挽救蝙蝠、小鸟和院子里的其他小动物。

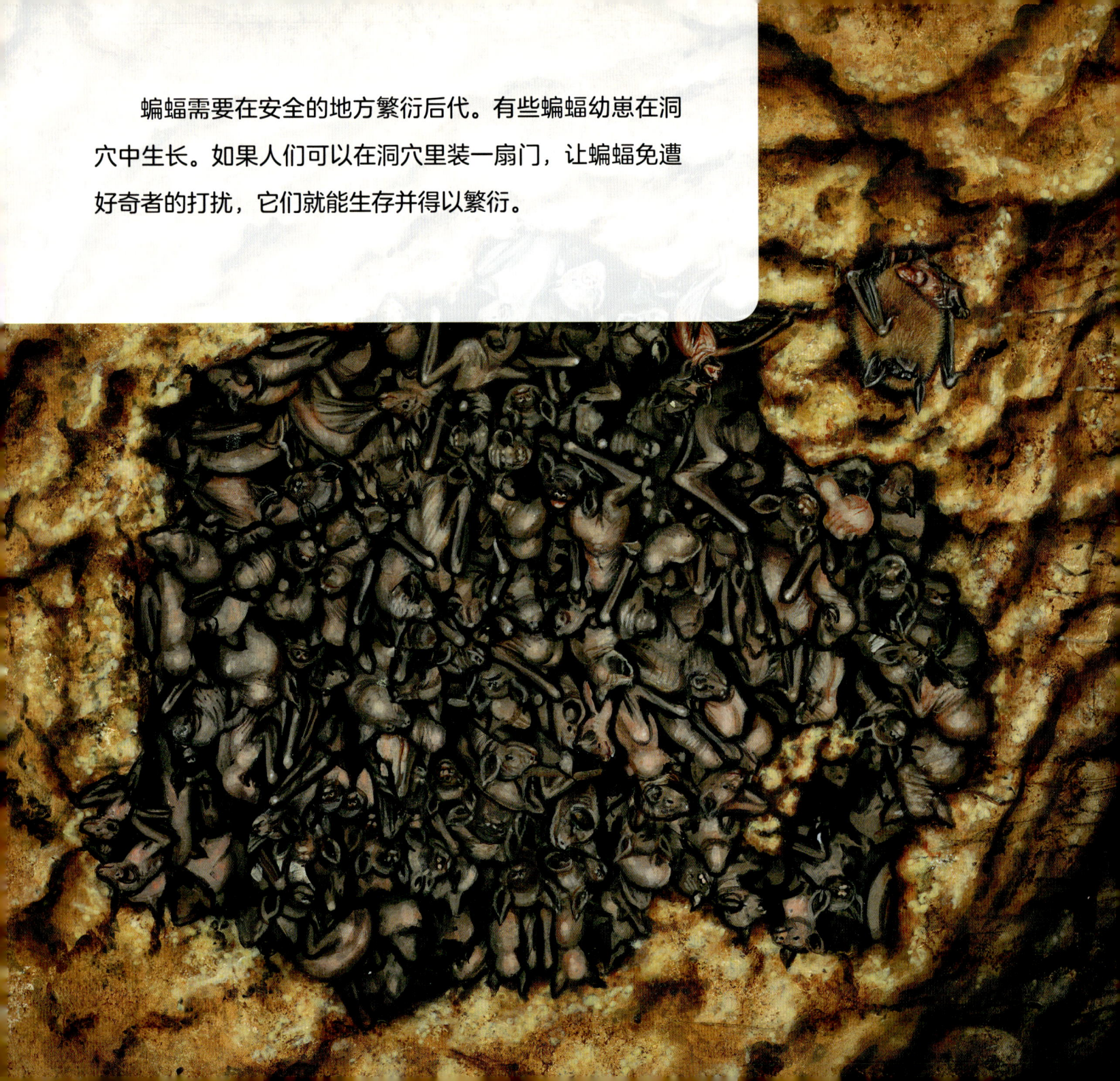

蝙蝠需要在安全的地方繁衍后代。有些蝙蝠幼崽在洞穴中生长。如果人们可以在洞穴里装一扇门，让蝙蝠免遭好奇者的打扰，它们就能生存并得以繁衍。

◆ 灰蝙蝠

每年夏季，雌性灰蝙蝠都要在洞穴中抚育后代。蝙蝠妈妈一旦被人类打扰就会受到惊吓，它们会抓起幼崽，重新寻找安全的栖身处。混乱中，许多蝙蝠幼崽会掉落到坚硬的地面上受伤，甚至死亡。为了保护灰蝙蝠，工人们打算给洞穴装上一种特别的门，阻止人类入内，但不会影响蝙蝠的出入。

有些蝙蝠妈妈在狭小、隐蔽的地方抚养小蝙蝠。如果人们可以为它们制作一些大小和形状适当的盒子，蝙蝠就能生存并得以繁衍。

◆ 小棕蝠

以前，小棕蝠在枯树剥落的树皮下养育后代。后来人们砍掉了枯树，它们便没有了栖身之所。好在有些人注意到了它们的困境，为小棕蝠制作了一些蝙蝠箱。如今，在北美各地的林区和居民的后院都有这种特制的盒子。

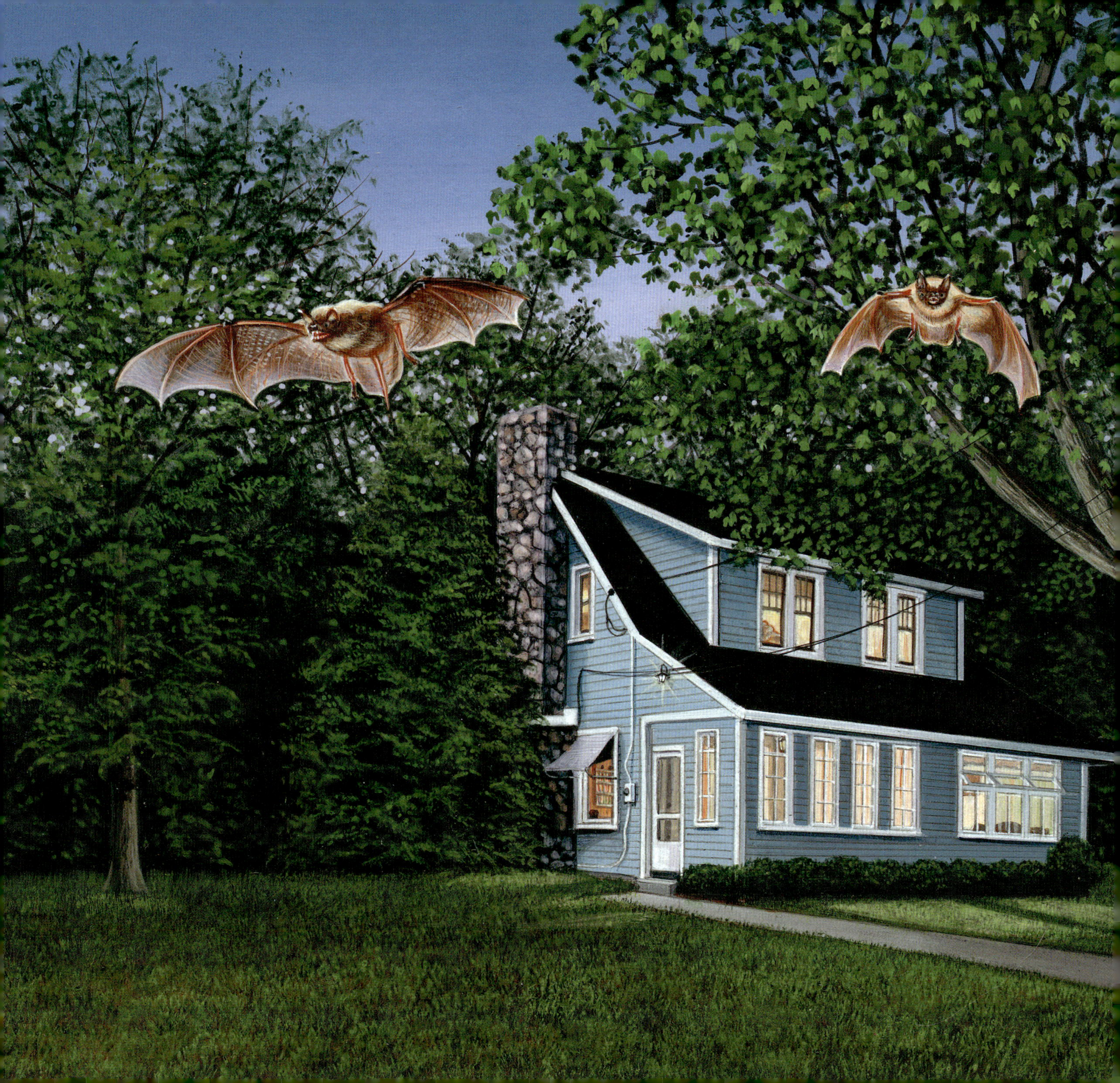

蝙蝠的栖息地一旦被破坏，它们就很难生存。有些蝙蝠只能生活在开阔的林地，林地周围还得有小河或小溪。如果人们可以为蝙蝠留出一片自然栖息地，它们就能生存并得以繁衍。

◆ 西部赤蝙蝠

西部赤蝙蝠栖息在科罗拉多河沿岸的树上。不过，由于人们不断地从河中抽水，河流旁边的树木枯死了，秀丽的风景也被破坏了。幸运的是，加利福尼亚州和亚利桑那州的科学家们注意到了这个情况。现在他们正合力协作，将沿岸近 310 万平方米的土地保护起来，为西部赤蝙蝠和其他动物保留一片栖息地。

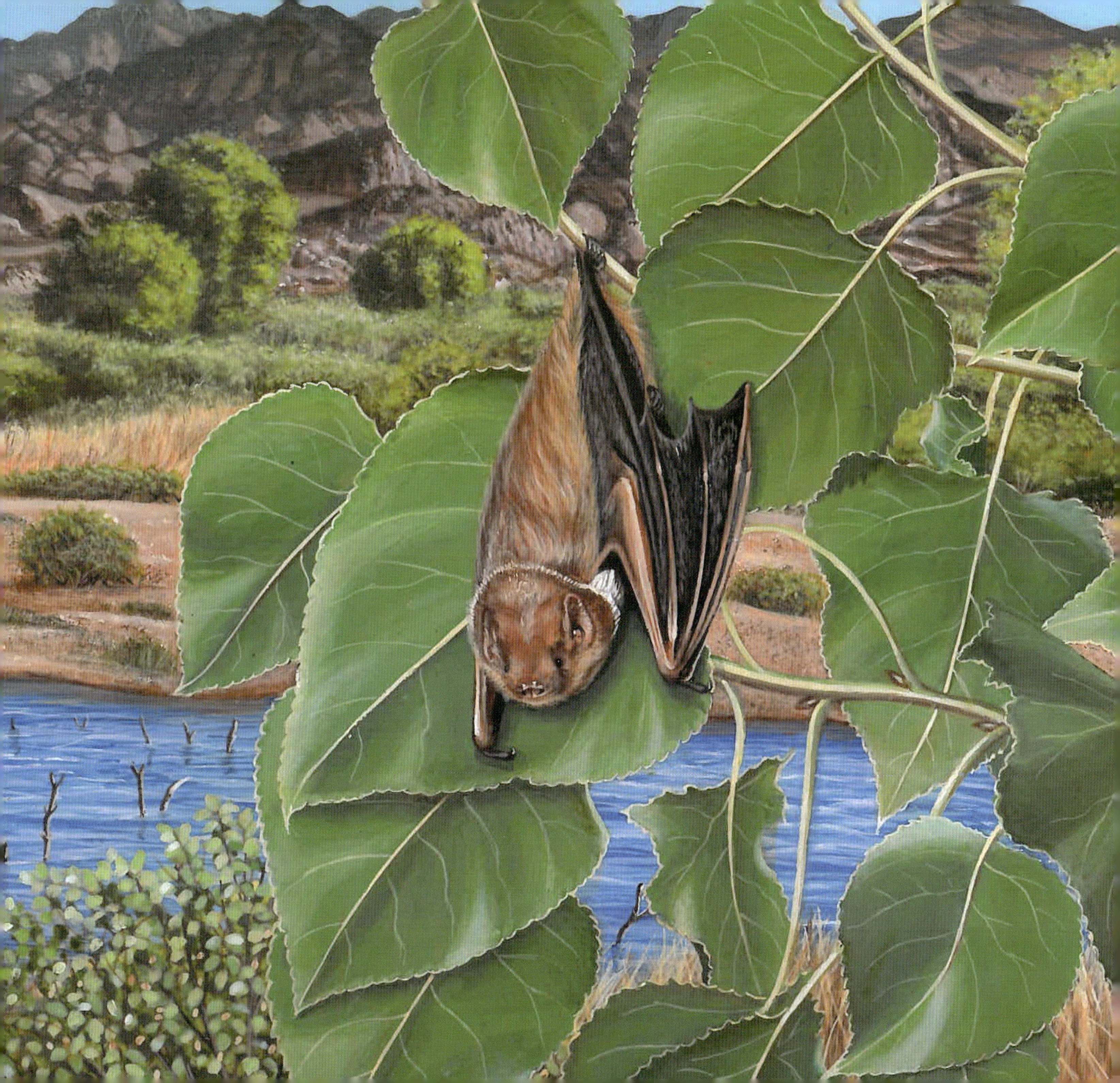

有些蝙蝠只能生活在长有很多参天大树的密林中。如果人们可以保护好这片土地和树木，蝙蝠们就能生存并得以繁衍。

◆ 银发蝙蝠

多年来，护林员都会砍去原始森林里的枯树。可后来，科学家们发现，银发蝙蝠恰恰以枯树松散的树皮为家。如今，护林员们不再砍伐枯树，任由它们屹立在原地，如此，便能为银发蝙蝠保留一片栖身之所。

有些蝙蝠白天睡在棕榈树上。干枯的棕榈树叶能够帮助它们隐藏行迹，躲避天敌。如果人们不再修剪干枯、发蔫的棕榈叶，蝙蝠就能生存并得以繁衍。

◆ 墨西哥蓬毛蝠

人们往往不乐意看到棕榈树上挂着黄褐色的枯叶，所以总爱修剪掉那些叶子，让棕榈树看起来整整齐齐。不过最近，生活在得克萨斯州南部的人们发现，墨西哥蓬毛蝠喜欢栖息在棕榈叶下。所以有些地区的居民为了给蝙蝠们保留一个安全的家园，已经不再修剪棕榈树了。

人们封闭废弃的矿井，会导致成千上万的蝙蝠丧生。如果人们在矿井填入土石前，先检查一下里面的情况，那么蝙蝠就能生存并得以繁衍。

◆ 大棕蝠

露天矿井非常危险，所以人们往往会把它们填平。但如果里面还有蝙蝠，它们就会被活埋。密歇根州铁山公司的米利山矿井关闭前，科学家们在里面发现了数百万只大棕蝠。所以，矿工们放弃了填平竖井的方案，在入口周围做了个钢笼，如此一来，既不会有人掉下去，蝙蝠也能自由出入。

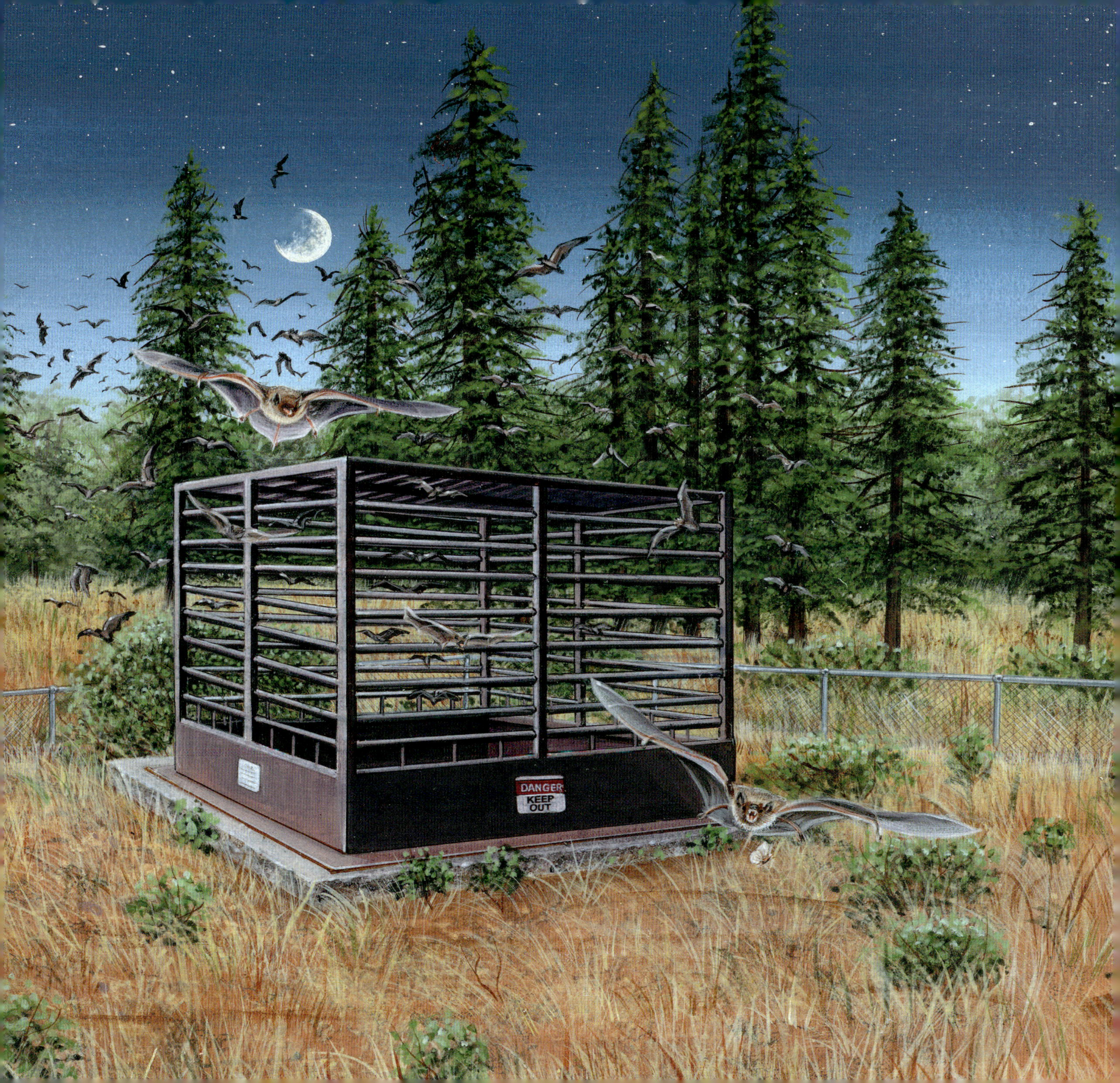
DANGER
KEEP OUT

如果蝙蝠大量死亡,其他生物的生存也会受到影响。这也是为何保护蝙蝠及其栖息地如此重要。

◆ 植物需要蝙蝠

一些生活在温暖区域的蝙蝠以吸食花蜜为生。它们一边尽情地吃着香甜的花蜜,一边把花粉从一朵花传播到另一朵花上。花粉被带到另一朵花的雌蕊上,植物就会长出果实,孕育出新的种子。

其他蝙蝠则以果实为生。种子会随着蝙蝠的排泄物掉进土里。如果遇到肥沃湿润的土壤,种子就会生根发芽,长成一棵新的植物。香蕉、桃子、鳄梨、大枣、无花果和杧果都依赖蝙蝠传播花粉,把种子散播到各地。

◆ 其他动物也需要蝙蝠

蝙蝠是食物链的重要组成部分。在树上栖息的蝙蝠是饥饿的蛇、浣熊、负鼠、臭鼬和鼬鼠的捕食对象。在空中飞翔的老鹰和猫头鹰也会捕捉蝙蝠。如果蝙蝠的数量减少了，这些猎食者就很难找到食物。

蝙蝠已经在地球上生活了大约 5 000 万年。虽然人类活动有时候会伤害蝙蝠，但仍有许多方法可帮助这些神奇动物长长久久地生存下去。

◆ 蝙蝠对我们的帮助

蝙蝠能为人类的生存提供很多帮助。它们以害虫为食，为农民们守护庄稼。每晚，生活在得克萨斯州山洞里的墨西哥无尾蝠能吃掉近 182 吨侵害农作物的害虫。蚊子和其他传播病菌的昆虫也是蝙蝠的猎物。一只小棕蝠一个小时就能捕获 1 000 只蚊子。

◆ 救救蝙蝠

- 在自己家后院准备一个蝙蝠屋。

- 种植一些可以吸引飞蛾和其他夜行昆虫的植物，让蝙蝠不饿肚子。

- 不要喷洒可能对蝙蝠有害的化学制剂。

- 但凡山洞里可能有蝙蝠，都不要进去打扰它们。

- 加入公益组织，一起保护附近的蝙蝠。

▷ 与蝙蝠有关的二三事 ◁

※ 没人知道世界上到底有多少种蝙蝠。到目前为止，科学家们已经发现了 1 200 多种蝙蝠，其中有 45 种生活在北美。

※ 世界上 70% 的蝙蝠都以昆虫为食，北美几乎所有品种都是如此。不过，有些蝙蝠还会进食果实、花蜜、鱼、青蛙、蜥蜴和鸟。

※ 凹脸蝠是世界上最小的蝙蝠，和大黄蜂差不多；狐蝠则是世界上最大的蝙蝠，翼展能有 1.5 米。

※ 蝙蝠是唯一能够飞翔的哺乳动物。大棕蝠是飞得最快的蝙蝠，每小时能飞 64 千米。

※ 中美洲和南美洲的吸血蝙蝠通常吸食鸡、火鸡、鸭和鹅的血，有时也会喝猪、牛和马的血。